Azza Monir

Modelo de gestão do conhecimento para facilitar o KaaS na computação em nuvem

Azza Monir

Modelo de gestão do conhecimento para facilitar o KaaS na computação em nuvem

ScienciaScripts

Imprint

Any brand names and product names mentioned in this book are subject to trademark, brand or patent protection and are trademarks or registered trademarks of their respective holders. The use of brand names, product names, common names, trade names, product descriptions etc. even without a particular marking in this work is in no way to be construed to mean that such names may be regarded as unrestricted in respect of trademark and brand protection legislation and could thus be used by anyone.

Cover image: www.ingimage.com

This book is a translation from the original published under ISBN 978-620-2-02368-9.

Publisher:
Sciencia Scripts
is a trademark of
Dodo Books Indian Ocean Ltd. and OmniScriptum S.R.L publishing group

120 High Road, East Finchley, London, N2 9ED, United Kingdom
Str. Armeneasca 28/1, office 1, Chisinau MD-2012, Republic of Moldova, Europe
Printed at: see last page
ISBN: 978-620-7-76694-9

<u>RESUMO</u>

Devido ao elevado custo de utilização e atualização dos sistemas de gestão do conhecimento antigos e às questões e problemas que lhes estão associados, os sistemas de gestão do conhecimento baseados na computação em nuvem estão a tornar-se uma solução clara para a partilha de conhecimentos e a sua utilização eficaz nas organizações. O conhecimento como um serviço (KaaS) é um conceito emergente que integra a gestão do conhecimento (KM), que inclui uma <u>organização do conhecimento</u>, e <u>os mercados do conhecimento</u>. O KaaS envolve programas que fornecem conteúdos (dados, informações, conhecimentos) como resultados organizacionais (por exemplo, conselhos, respostas, facilitação) para satisfazer pedidos ou necessidades de utilizadores pessoais ou externos. <u>Os programas de conhecimento como serviço (KaaS) são fornecidos</u> através dos mercados do conhecimento num **<u>ambiente de computação em nuvem (CC)</u>**. Para garantir que os serviços sejam disponibilizados à comunidade de prática (CoP) certa, no momento certo e da forma correcta, é necessário um sistema denominado sistema de gestão do conhecimento (KMS) para gerir o KaaS de forma adequada, utilizando os processos do ciclo de vida da gestão do conhecimento. <u>Estes processos de ciclo de vida da gestão do conhecimento</u> incluem <u>a aquisição de conhecimentos, o armazenamento de conhecimentos, a divulgação de conhecimentos</u> e a <u>aplicação de conhecimentos.</u> Este documento introduz o conceito e o modelo de facilitação do conhecimento como um serviço (KaaS) num sistema de gestão do conhecimento, de modo a que a comunidade de prática (CoP) possa utilizar o conhecimento do prestador de serviços como um resultado organizacional para as suas referências relacionadas com as melhores práticas actuais e as lições aprendidas, especialmente em relação ao ambiente de computação em nuvem. Ao utilizar este modelo de KMS, as comunidades ligadas à nuvem podem facilmente obter o KaaS de que necessitam ou que pretendem considerar para atingir o seu objetivo ou declaração de missão.

Palavras-chave: conhecimento como um serviço, gestão do conhecimento, sistema de gestão do conhecimento, processo de conhecimento, computação em nuvem.

<u>**Introdução:**</u>

O conhecimento como serviço é um conceito emergente que integra a gestão do conhecimento (GC), os mercados do conhecimento e a organização do conhecimento como computação em nuvem (Yuan, Rao. et al., 2012, pp. 3-4). Os serviços de conhecimento abertos, a pedido, baseados em conteúdos e orientados para a procura estão a tornar-se elementos fundamentais que impulsionam a sociedade do conhecimento. As redes sociais aceleram o intercâmbio de conhecimentos e a comunicação entre diferentes pessoas, nomeadamente através da integração de conhecimentos especializados em comunidades de prática (COP) no processo de inovação de produtos e serviços das empresas. Por conseguinte, o conhecimento como um serviço (KaaS) no ambiente das redes sociais é um método de transferência de serviços que inclui <u>três funções principais: Recolha</u> e organização de recursos de conhecimento criados por todos os utilizadores na CoP, agregação e <u>análise</u> dos requisitos dos utilizadores com um agente de conhecimento, e <u>entrega</u> da solução personalizada para serviços de inovação de conhecimento.

O KaaS é um sistema que fornece conteúdos (dados, informações, conhecimentos) como resultados organizacionais (por exemplo, conselhos, respostas, apoio) para satisfazer os desejos ou necessidades de indivíduos ou utilizadores externos. O KaaS é fornecido através de mercados de conhecimento como um ambiente de computação em nuvem (CC). Para garantir que os serviços são prestados à pessoa certa, no momento certo e de forma adequada, é necessário um <u>sistema de gestão do conhecimento (KMS).</u> O KaaS pode ser gerido através da utilização de processos de gestão do conhecimento numa forma adequada. Estes processos de gestão do conhecimento incluem a aquisição de conhecimentos, o armazenamento de conhecimentos, a divulgação de conhecimentos e a aplicação de conhecimentos (Abdullah, Rusli, Eri, Darleena, Zeti, e Talib, Mohamed, Amir, 2011, pp. 1-4).

Este documento introduz o conceito de sistema de gestão do conhecimento e o seu modelo para permitir o conhecimento como um serviço (KaaS) num ambiente de sistema de gestão do conhecimento, de modo a que qualquer pessoa numa comunidade de prática (CoP) possa utilizá-lo. Isto deve ser implementado em termos de organização do conhecimento como um resultado organizacional para referenciar as melhores práticas actuais e as lições aprendidas, especialmente em relação ao ambiente, envolvendo o ambiente da CC. Por conseguinte, o principal contributo deste documento é propor um modelo para gerir e facilitar o conhecimento da computação em nuvem (CC) utilizando as técnicas do sistema de gestão do conhecimento (KMS). Além disso, o documento apresenta uma visão geral da metodologia de investigação utilizada na realização desta investigação. A última secção do documento descreve o modelo proposto e os resultados e respectivas discussões são apresentados em pormenor no presente documento.

Revisão da literatura:

A gestão do conhecimento é um esforço concertado para captar e partilhar os principais conhecimentos organizacionais no seio de uma organização, a fim de melhorar a tomada de decisões, a eficiência e a inovação. Trata-se de captar os conhecimentos, a inteligência e as experiências de valor acrescentado dos trabalhadores e de os preservar como activos da organização. Com o aparecimento da gestão do conhecimento como uma disciplina valiosa, foram desenvolvidos produtos como os sistemas de gestão do conhecimento para as organizações sob a designação de KMS. A gestão do conhecimento é, de facto, a capacidade das organizações para criarem valor a partir do conhecimento. Por conseguinte, as organizações que utilizam a gestão do conhecimento precisam de tirar partido dos três elementos-chave da gestão do conhecimento (pessoas, processos e conteúdos) para adquirirem soluções tecnológicas adequadas. As organizações públicas e privadas actuais e os seus ambientes de trabalho mudaram radicalmente com a adoção de práticas de gestão do conhecimento.

As empresas são obrigadas a alterar as suas infra-estruturas para fazer face à evolução da concorrência e do ambiente. Uma grande parte dos seus activos científicos assume a forma de conhecimento experimental. O Sistema de Gestão do Conhecimento (SGC) torna-se um sistema que serve a Comunidade de Prática (CdP) na procura das melhores práticas de serviços de conhecimento para atingir o objetivo. O SGC é também um sistema que é utilizado para promover as melhores práticas e lições para permitir que a CoP partilhe os seus conhecimentos em qualquer lugar e a qualquer momento (Abdullah, Rusli, Eri, Darleena, Zeti e Talib, Mohamed, Amir, 2011, pp. 1-4).

A computação em nuvem é reconhecida como uma das mais recentes inovações da tecnologia moderna. A computação em nuvem refere-se à utilização de recursos de processamento de dados (software e hardware) de servidores através de uma rede. Por outras palavras, os utilizadores podem aceder aos recursos de que necessitam (por exemplo, armazenamento, RAM, CPU, rede) utilizando qualquer computador ligado à Internet como um serviço Web, em vez de os instalarem no seu próprio PC. As aplicações de software são instaladas em servidores de rede de alta velocidade e são acessíveis aos utilizadores através da Internet. Os ficheiros dos utilizadores também são armazenados nos servidores e são acessíveis através de qualquer computador com ligação à Internet (self-service on demand). A principal razão para utilizar a computação em nuvem é libertar os utilizadores dos problemas técnicos da partilha de dados na Internet. Os utilizadores podem aceder facilmente aos seus recursos, registando uma conta numa nuvem Internet (uma rede constituída por dados partilhados de diferentes unidades empresariais). Além disso, os utilizadores podem utilizar aplicações de servidor para obter serviços baseados em TI, mesmo que não disponham da infraestrutura necessária, mas apenas da tecnologia de virtualização. Esta é outra vantagem importante da computação em nuvem.

A computação em nuvem é um modelo de acesso conveniente e a pedido a um conjunto partilhado de recursos informáticos configuráveis (por exemplo, redes, servidores, armazenamento, aplicações e serviços) que podem ser rapidamente aprovisionados e libertados com um esforço mínimo de gestão ou de interação com o fornecedor de serviços. A computação em nuvem tem cinco características principais: (1) fornecimento de autosserviço a pedido, (2) baseado no acesso alargado à rede, (3) utilização de conjuntos de recursos, (4) elasticidade rápida com base nas necessidades de recursos dos clientes da nuvem e (5) capacidade de medir os serviços fornecidos (Mell, Peter. e Grance, Tim., 2009, p.1), ver Figura (1). A computação em nuvem define três modelos principais de serviços: (1) SaaS: Software as a Service (Software como Serviço), (2) PaaS: Platform as a Service (Plataforma como Serviço) e (3) IaaS: Infrastructure as a Service (Infraestrutura como Serviço), mas outros aspectos podem também substituir o "X" em "XaaS".
A figura (1) mostra a

s modelos mais importantes de serviços de computação em nuvem e os quatro modelos de implantação mais importantes são apresentados a seguir. Estes modelos de implantação oferecem quatro tipos de nuvens, nomeadamente nuvens privadas (limitadas a uma empresa), nuvens públicas (ilimitadas), nuvens partilhadas (partilhadas por determinadas empresas) e nuvens híbridas (uma mistura de dois ou três dos tipos de nuvens acima referidos).

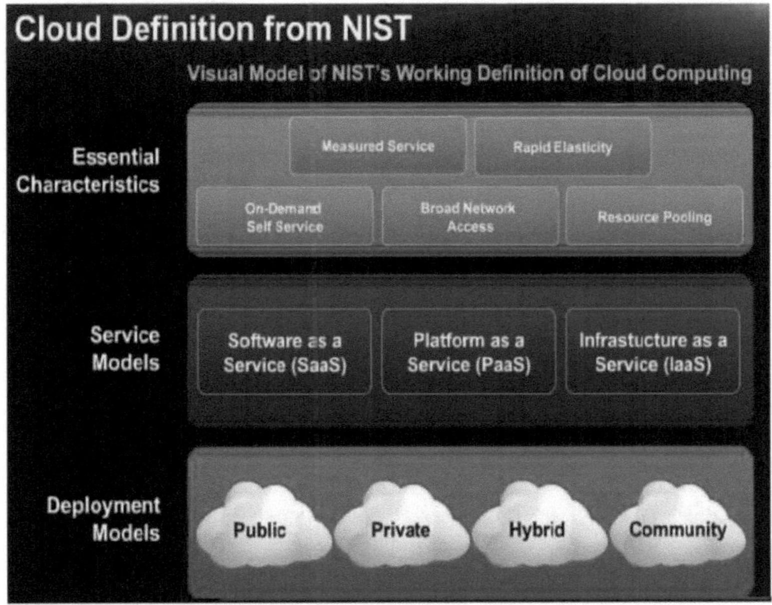

Como se pode ver pelo exposto, a computação em nuvem fornece infra-estruturas para a realização de novos modelos de negócio virtuais baseados na nuvem no ciberespaço, constituindo assim a base dos sistemas de nuvem nas recentes tecnologias da informação (Khoshnevis, Sedigheh. e Rabeifar, Fatemeh., 2012, pp. 2-8). Na computação em nuvem (CC), são promovidos muitos serviços que são fornecidos à comunidade de prática (CoP) que, por sua vez, se encarrega do licenciamento, dos acordos e de muitos outros aspectos da gestão do hardware e do software. Estes serviços incluem a plataforma como serviço (PaaS), a infraestrutura como serviço (IaaS), o armazenamento como serviço (DaaS) e o software como serviço (SaaS). A ligação destes serviços na computação em nuvem (CC) é apresentada na figura (2).

-A figura (3) mostra como uma nuvem é solicitada, selecionada e fornecida. Um fornecedor (fornecedor de serviços de computação em nuvem) regista a sua nuvem num repositório. Este inclui os SLAs (Acordos de Nível de Serviço) da nuvem, que servirão como principal recurso para o cliente escolher entre diferentes opções. Para o efeito, o cliente (uma pessoa ou mesmo outra nuvem) envia um pedido ao registo (uma consulta) para encontrar a nuvem mais adequada. Fornece um método de utilização de SQL para consultar o repositório e sugere a "extração de nuvens" para este efeito. O repositório fornece informações sobre a nuvem, o seu tipo e outras características, como o SLA, a interface que mostra como o cliente deve utilizar a nuvem e o método de pagamento. Com base no resultado da avaliação efectuada pelo cliente, este pode subscrever e utilizar a nuvem ou recusar a opção, sendo que, no primeiro caso, o

Figura (2): Serviços em cooptação na nuvem. Fonte: (Abdullah, Rusli, Eri, Darleena, Zeti e Talib, Mohamed, Amir, 2011, p.2).

o pagamento será efectuado.

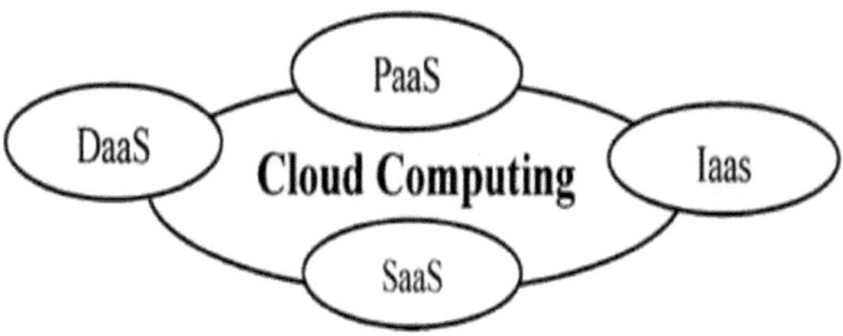

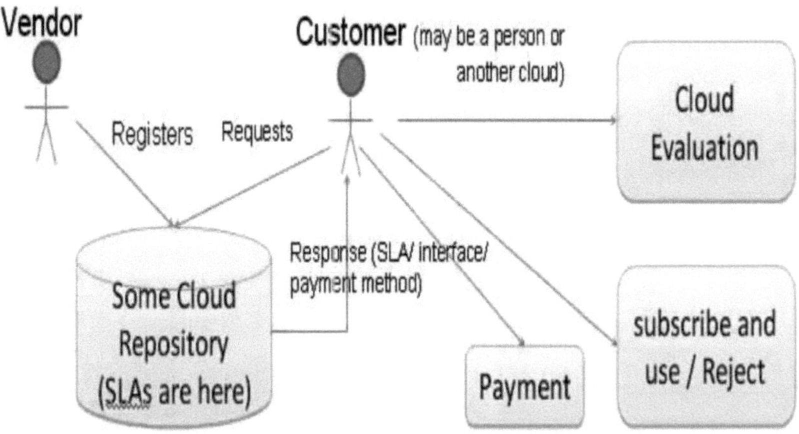

Figura (3): Processo de seleção da nuvem pelo cliente da nuvem e processo de aprovisionamento da nuvem pelo fornecedor da nuvem
Fonte: (Khoshnevis, Sedigheh. e Rabeifar, Fatemeh., 2012, pp. 2-8).

Infraestrutura como um serviço (IaaS)

A IaaS permite que as empresas utilizem servidores, dispositivos, redes e discos de armazenamento sempre que deles necessitem. Uma tecnologia de software chamada virtualização, que consiste em recursos físicos sob a forma de servidores, permite que os fornecedores de IaaS forneçam aos seus clientes instâncias de servidores económicas e praticamente ilimitadas. Como alternativa à compra de servidores ou de serviços alojados, os clientes podem ligar em rede máquinas virtuais a pedido. As organizações utilizam a IaaS para atualizar as versões das suas aplicações sem terem de adquirir recursos físicos de TI. Os pormenores deste nível são apresentados na Figura (4) (Sadeghzadeh, Abouzar. et al., 2014, pp. 2-3).

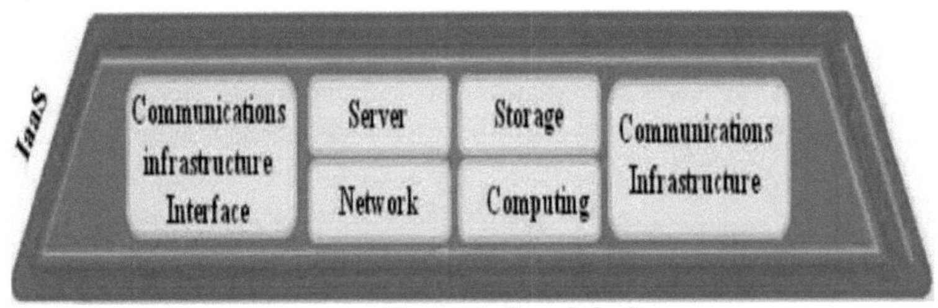

Figura (4): Camada IaaS
Fonte: (Sadeghzadeh, Abouzar. et al., 2014, p.2).

Plataforma como um serviço (PaaS)

A PaaS é uma plataforma de aplicações. Estas plataformas são desenvolvidas com ferramentas que são alojadas na nuvem e acedidas através de um browser. Esta camada é colocada nas máquinas virtuais da camada de infraestrutura. As soluções PaaS permitiram a um número cada vez maior de pessoas desenvolver e manter aplicações baseadas na Web sem conhecimentos específicos. Os departamentos de TI das empresas são facturados pela utilização deste serviço através da Internet. Os pormenores desta camada são apresentados na figura (5) (Business Process Management Software (BPMS))

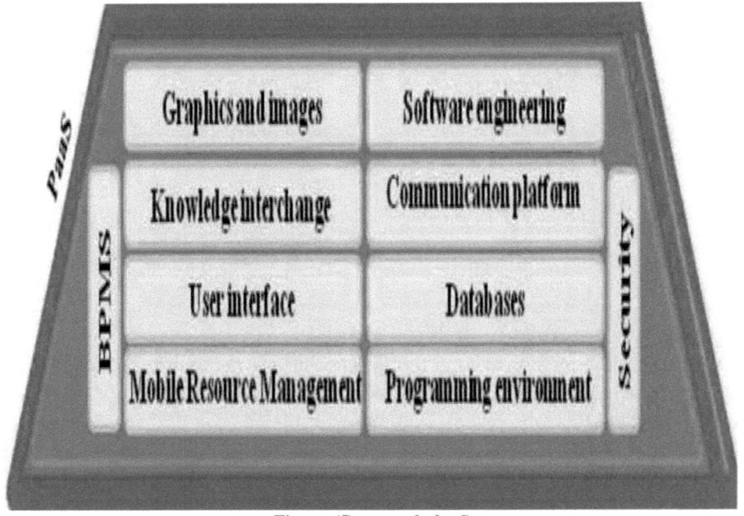

Figura (5): camada IaaS
Fonte: (Sadeghzadeh, Abouzar. et al., 2014, p.2).

Software como um serviço (SaaS)

Os serviços a este nível são geralmente aplicações que não precisam de ser desenvolvidas, por exemplo, correio eletrónico, gestão das relações com os clientes, etc. Estas aplicações baseiam-se na nuvem e são acessíveis aos utilizadores da Web ou às organizações numa base de pagamento em qualquer altura e em qualquer lugar. Neste nível, a tónica é colocada na partilha, no processamento e na classificação dos conhecimentos e na avaliação dos trabalhadores com base na tecnologia de computação em nuvem. Os pormenores desta camada são apresentados na Figura (6) (Sadeghzadeh, Abouzar. et al., 2014, p.3).

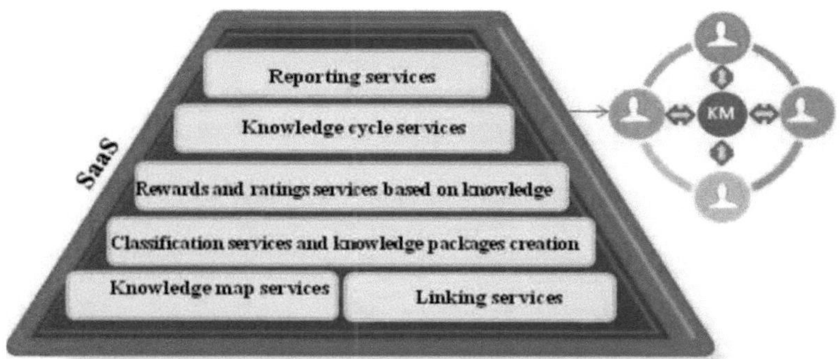

Figura (6): Camada SaaS
Fonte: (Sadeghzadeh, Abouzar. et al., 2014, p.3).

Além disso, no ambiente de computação em nuvem, os utilizadores ligados a uma variedade de plataformas, como a Internet, também podem obter conhecimento como um serviço (KaaS) para serem utilizados para vários fins. O modelo de conhecimento como serviço (KaaS) e os pormenores da sua descrição em termos de componentes de ligação como conhecimento como serviço (KaaS) para facilitar o ambiente CC são abordados na secção seguinte. No contexto do KMS e do ambiente CC, qualquer conhecimento fornecido à CoP como um serviço em CC é rotulado como "Conhecimento - K" seguido do nome do serviço. **Por exemplo, K-PaaS** é utilizado para o conhecimento da plataforma como um serviço.

a) Knowledge of Plaform as a Service (K-PaaS): K-PaaS é um tipo de PaaS na computação em nuvem que se refere à combinação de requisitos de hardware e software para a Comunidade de Prática (CoP).

b) Conhecimento sobre a infraestrutura como um serviço (K-IaaS): KIaaS é um tipo de IaaS na computação em nuvem que se refere aos requisitos de infraestrutura na implementação do KMS para apoiar as CdP na partilha e transferência dos seus conhecimentos em benefício de outras CdP.

c) Armazenamento de conhecimentos como um serviço (K-DaaS): O K-DaaS é um tipo de DaaS na computação em nuvem que se refere ao armazenamento de dados suportado pela CdP para armazenar e aceder aos seus conhecimentos e ao KMS num ambiente CC.

d) Conhecimento sobre software como um serviço (K-SaaS): K-SaaS é um tipo de SaaS na computação em nuvem que se refere ao conhecimento sobre software a ser utilizado pela CoP para efeitos de desenvolvimento de sistemas ou de teste e implementação de sistemas.

Metodologia

São necessárias várias etapas para formular o modelo KMS para facilitar o conhecimento como serviço (KaaS) num ambiente de computação em nuvem:

Etapa 1: Rever a literatura: Trata-se do processo de revisão da GC, dos serviços de CC e da forma como a GC, enquanto sistema, pode apoiar a CdP na realização da sua missão.

Etapa 2: Realização do inquérito preliminar: Este é o processo de realização de um inquérito preliminar para obter contributos para o modelo do SGC na CC. Para o efeito, foi realizado um inquérito, através de um questionário, às pessoas envolvidas no projeto de CC, tais como administradores de sistemas, investigadores e utilizadores, para que lhes fosse pedido que analisassem os contributos propostos, tais como a aplicabilidade, a segurança, a fiabilidade e a disponibilidade, apoiados na literatura, e acrescentassem quaisquer variabilidades ou características em falta do KM como sistema de fornecimento de conhecimentos e serviços à CdP.

Etapa 3: Formulação do modelo: Trata-se de um processo em que os atributos e os seus elementos são reunidos num formato ou forma específicos com base nas etapas anteriores (Abdullah, Rusli, Eri, Darleena, Zeti e Talib, Mohamed, Amir, 2011, p. 2).

Passo 4: Traduzir a forma do modelo em componentes do sistema: Este é o processo de conceção arquitetónica do modelo num sistema baseado em componentes, tendo em mente a funcionalidade do KMS e o CC como um serviço.

Etapa 5: Avaliação: Este é o processo de avaliação, que inclui outra ronda de questionários, o chamado inquérito posterior, não só para verificar e validar o modelo, mas também para contribuir para a melhoria de uma especificação abrangente do modelo do sistema.

Etapa 6: Conclusão: Este é o processo de resumir os resultados do inquérito prévio e posterior realizado aquando da criação do modelo KMS para facilitar a KaaS no ambiente de computação em nuvem.

O modelo proposto do KMS para facilitar o ambiente (KAAS) IN (CC):

O modelo geral do KMS para facilitar a KaaS para uma CdP na computação em nuvem pode ser proposto como mostra a Figura (7). Além disso, o modelo KMS para facilitar a KaaS pode ser dividido em dois componentes principais. Estes incluem a **funcionalidade do KMS** e a **infraestrutura do KMS.**

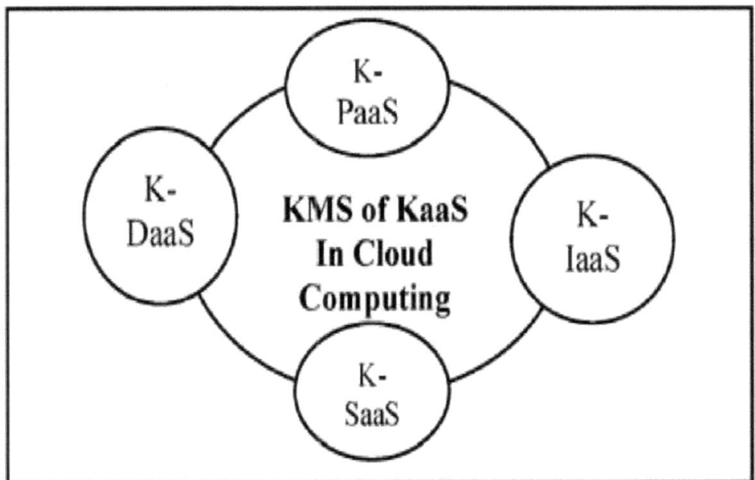

-A **primeira componente** do **modelo KMS é designada por funcionalidade do KMS.** **Pode ser categorizado com base no ciclo de vida do conhecimento da seguinte forma:**

A. Aquisição de conhecimento: Este é o ponto de partida onde as pessoas em uma CoP podem depositar seu KaaS relacionado ao K-Paas, K-IaaS, KDaaS e K-SaaS. O depósito de KaaS no KMS é baseado na tecnologia baseada em conhecimento especificada pelo administrador da nuvem. Normalmente, baseia-se no modelo fornecido à CoP.

B. Armazenamento do conhecimento: Esta é outra etapa do processo do KMS para armazenar o KaaS utilizando possíveis técnicas, tais como abordagens de indexação.

C. Disseminação do conhecimento: Estas são as etapas seguintes do KMS que são executadas utilizando a tecnologia pull e push para a CdP. A tecnologia push mais popular é a utilização da tecnologia de agentes para apoiar a CdP, alertando-a, informando-a e recordando-a da receção de novos KaaS.

D. Aplicação de conhecimentos: Este é o fim do processo no KMS que fornece o KaaS da CdP para fins administrativos, como registo e relatórios.

O segundo componente do KMS para facilitar o KaaS no CC é designado por infraestrutura KMS. É constituída por diferentes tipos de sistemas de rede, que podem ser classificados do seguinte modo

1) Intranet: Este é o primeiro nível de exigência de um modelo KMS para facilitar o KaaS numa pequena área conhecida como nuvem privada. Anteriormente, também era conhecida como uma rede local (LAN).

2) Internet: Esta é a segunda camada de requisitos do modelo KMS de KaaS para poder realizar melhor o trabalho numa grande cobertura de escala chamada nuvem pública. Anteriormente, era também conhecida por Wide Area Network.

3) Extranet: Esta é a camada combinada dos requisitos do modelo KMS que serve a CdP num local e remotamente. Também é conhecida como nuvem híbrida. A conetividade dos dois componentes do modelo KMS para apoiar a CdP no ambiente de computação em nuvem é apresentada na Figura (8).

Resultados do estudo e discussão:

KMS – Functionality
(K-Acquisition, K-Storage, K-Dissemination, K-Application)

KMS infrastructure
(Intranet – Private cloud, Internet – Public cloud,
Extranet – Hybrid Cloud)

O modelo KMS para a KaaS na computação em nuvem passou pelas etapas descritas nas secções de introdução e metodologia. Com base nisso, foi obtido um resultado significativo que mostra que o KaaS e o seu modelo KMS devem conter as seguintes características ou componentes para se tornarem relevantes para a CdP no ambiente CC (Abdullah, Rusli, Eri, Darleena, Zeti e Talib, Mohamed, Amir, 2011, p. 3).

A-Funcionalidade do KMS: Com base na componente de funcionalidade do KMS em termos do tipo de requisito, em primeiro lugar, os inquiridos concordam que o KMS de KaaS para a CdP será tripulado em K-PaaS 80%, K-TaaS - 100%, K-DaaS - 100% e K-SaaS - 60% do total de KaaS. Segue-se o modelo KMS de capacidade de KaaS em termos de camada de aplicação com K-PaaS - 80%, K-TaaS - 100%, K-DaaS - 100% e K-SaaS - 80%. Quanto à escalabilidade e segurança da KaaS em termos de importância, é K-PaaS - 80%, K-IaaS - 100%, K-DaaS - 100% e K-SaaS - 80%, como mostra a Figura (9).

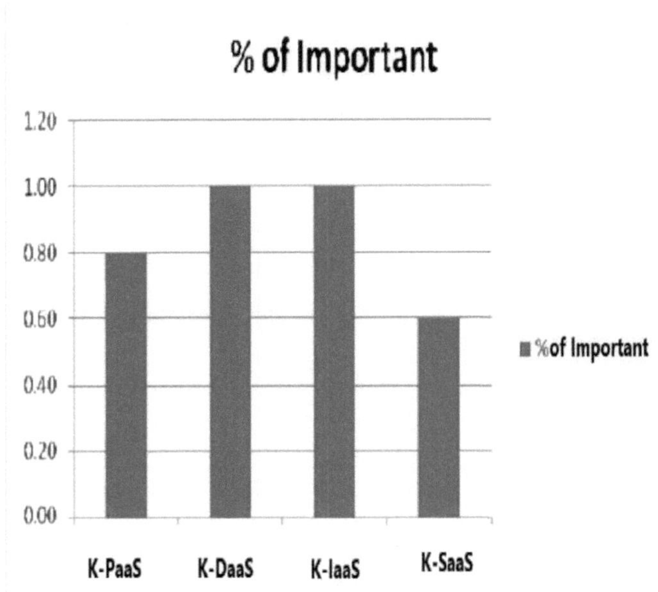

Figura (9): O nível de aprovação de Capacidade, Escalabilidade e Segurança.
Fonte: (Abdullah, Rusli, Eri, Darleena, Zeti e Talib, Mohamed, Amir, 2011, p.3).

O nível de concordância dos inquiridos com o primeiro fator componente do modelo KMS de KaaS no ambiente de computação em nuvem é elevado. Pode concluir-se que os inquiridos concordam com este valor.

B. Infraestrutura KMS

Com base na componente de infraestrutura KMS em termos de desempenho, fiabilidade e disponibilidade, os inquiridos concordam que a média do modelo KMS de KaaS na facilitação da CdP para K-PaaS - 80%, K-TaaS - 100%, K-DaaS - 100% e K-SaaS - 60%. Entretanto, a fiabilidade e disponibilidade da KaaS é de cerca de K-PaaS - 80%, K-IaaS - 100%, K-DaaS - 80% e K-SaaS - 80%, como mostra a Figura (10).

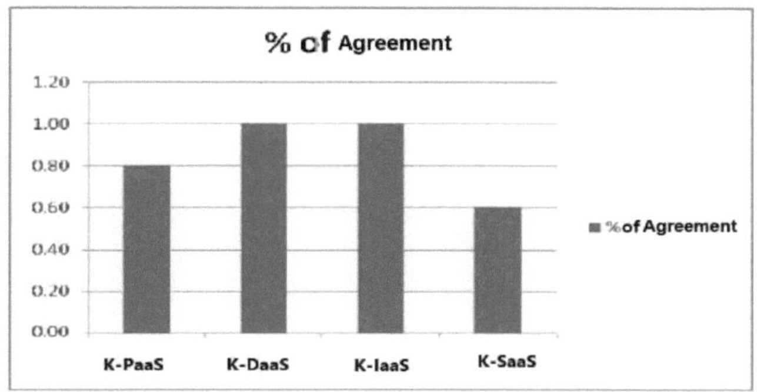

Figura (10): O grau de aprovação do desempenho, fiabilidade e disponibilidade.
Fonte: (Abdullah, Rusli, Eri, Darleena, Zeti e Talib, Mohamed, Amir, 2011, p.4).

O nível de concordância dos inquiridos com o segundo fator componente do modelo KMS de KaaS no ambiente de computação em nuvem é elevado. Conclui-se que os inquiridos concordam com este ponto.

Vantagens da utilização de CC nos sistemas de gestão do conhecimento

A computação em nuvem oferece um ambiente em linha escalável que permite tratar um maior volume de trabalho sem comprometer o desempenho do sistema. Por conseguinte, a computação em nuvem oferece uma capacidade de computação significativa e economias de escala que seriam incomportáveis, especialmente para as pequenas e médias empresas, sem investimento em infra-estruturas de TI. As empresas podem oferecer serviços únicos utilizando recursos de computação em grande escala de fornecedores de serviços de computação em nuvem e, em seguida, adicionar ou remover de forma flexível a capacidade de TI para satisfazer picos e flutuações na procura de serviços, pagando apenas a capacidade que efetivamente utilizam. Além disso, as organizações podem alugar espaço adicional no servidor por algumas horas de cada vez, em vez de manterem os seus próprios servidores, sem se preocuparem com a atualização dos seus recursos assim que uma nova versão da aplicação estiver disponível. Têm também a flexibilidade de alojar a sua infraestrutura virtual de TI onde os custos são mais baixos (Aksoy, Sabih, Mehmet. e Algawiaz, Danah., 2014, p.2).

Uma infraestrutura de TI optimizada permite um acesso rápido aos serviços informáticos necessários. Além disso, proporcionar um nível adequado de segurança para o sistema de gestão do conhecimento é um desafio que pode ser resolvido através da utilização da computação em nuvem. Além disso, a computação em nuvem permite que a gestão do conhecimento acompanhe o ritmo da tecnologia. Ao utilizar uma nuvem privada, as informações sensíveis devem ser protegidas da maioria dos utilizadores, permitindo simultaneamente um acesso fácil àqueles que possuem as credenciais adequadas. Além disso, as nuvens comunitárias e híbridas podem motivar as pessoas e ultrapassar os desafios da cultura organizacional, desenvolvendo uma cultura que incentiva a aprendizagem, a partilha, a mudança e a melhoria do intercâmbio de conhecimentos.

Projeto de lista de verificação das normas CC para facilitar (KAAS) no ambiente (CC):

Nesta secção, são seleccionadas sete normas sobre o tema da computação em nuvem (ver Tabela 1), que foram referenciadas na literatura devido às suas características. Foram seleccionadas dez obras de referência sobre o tema da computação em nuvem (Costa, Pedro, Santos, Paulo, João e Da Silva, Mira, Miguel, 2013, pp. 5-8).

Literature	Year	Standards						
		Accountability	Agility	Assurance	Management	Performance	Usability	Security
(Buyya, Rajkumar., Yeo, Shin, Chee. and Venugopal, Srikumar., 2008, pp.1-2).	2008						✓	✓
(Nor, Haizan, Nor, Rozi., Alias, Alinda, Rose. and Rahman, Abdul, Azizah., 2008, pp.2-4).	2008				✓	✓	✓	✓
(Armbrust, Michael. et al., 2009, pp.4-18).	2009	✓				✓		✓
(Alhamad, Mohammed., Dillon, Tharam. and Chang, Elizabeth., 2010, pp.2-5).	2010	✓			✓			✓
(Mell, Peter. and Grance, Timothy., 2011, pp.6-7).	2011	✓	✓		✓		✓	✓
(Garg, Kumar, Saurabh., Versteeg, Steve. and Buyya, Rajkumar., 2011, pp.2-3).	2011	✓	✓	✓	✓	✓		✓
(Khanna, Prashant. and Babu, Varahala, Budida., 2012, pp.2-5).	2012	✓			✓			✓
(Conway, Gerard. and Curry, Edward., 2012, pp.4-9).	2012	✓	✓	✓	✓			✓
(Low, Chinyao. and Chen, Ya Hsueh.., 2012, p.7).	3012	✓	✓	✓	✓	✓	✓	✓
(Al-Roomi, May. et al., 2013, pp.3-7).	2013	✓	✓	✓	✓	✓	✓	✓

Estas sete normas consistem no seguinte:

6.1 Responsabilidade:. Medição das características relacionadas com as organizações prestadoras de serviços, independentemente dos serviços prestados. Esta norma inclui sete critérios:

6.1.1 Auditabilidade: Auditabilidade dos prestadores de serviços e sua certificação de acordo com normas, processos e directrizes (Costa, Pedro, Santos, Paulo, João e Da Silva, Mira, Miguel, 2013, p. 5-8).
6.1.2 Conformidade: Obrigação do prestador de serviços de respeitar as normas, os procedimentos e as directrizes.
6.1.3 Governação: Capacidade de gerir as expectativas, os problemas e os serviços dos clientes.
6.1.4 Direitos de propriedade: direitos dos clientes sobre software, bens imóveis e dados.
6.1.5 Qualificação do prestador: Certificação de qualidade do prestador de serviços para a prestação do serviço.
6.1.6 Acordos de nível de serviço: Capacidade para negociar, gerir e cumprir os acordos de nível de serviço acordados contratualmente.
6.1.7 Capacidade de apoio: Capacidade de definir claramente os métodos de ajuda e apoio em caso de erros ou dúvidas.

6.2 Agilidade. Medir o impacto dos serviços em termos de mudanças de direção, estratégia ou tácticas com o mínimo de perturbação da estratégia da organização. Esta norma tem cinco critérios:

6.2.1 Adaptabilidade: Capacidade do serviço para adaptar as mudanças às necessidades do cliente.
6.2.2 Elasticidade: Capacidade do serviço para adaptar o consumo de recursos à procura.
6.2.3 Flexibilidade: Possibilidade de adicionar ou remover funções predefinidas de um serviço.
6.2.4 Portabilidade: Possibilidade de mudar o serviço de um prestador de serviços para outro.

5.1.1 Escalabilidade: Capacidade de aumentar e diminuir a quantidade de serviço disponível para satisfazer as necessidades dos clientes.

5.2 Garantia: mede a probabilidade de o serviço estar disponível como indicado. Esta norma tem dois critérios:

5.2.1 Disponibilidade: O cliente pode utilizar o serviço sem interrupções.
5.2.2 Fiabilidade: capaz de funcionar sem problemas, mesmo em condições desfavoráveis.
5.3 Gestão. Medição das decisões empresariais estratégicas da opção de serviço no mercado em termos de criação de valor, custos e riscos. Esta norma tem cinco critérios:

5.3.1 Custos de aquisição e de transição: Custos de aquisição dos direitos e da capacidade de utilização do serviço e de mudança para um novo serviço.

5.3.2 Custos de funcionamento: Custos para o funcionamento de um serviço.

5.3.3 Leis e regulamentos: legislação governamental que restringe ou não a aceitação de serviços e implica certas vantagens ou desvantagens.

5.3.4 Estratégia de preços: um conjunto de estratégias entre as quais um cliente pode escolher para aumentar o seu lucro.

5.3.5 Riscos: Identificar e abordar vários riscos associados às TI para aumentar a confiança do cliente na atenuação dos riscos.

5.4 Desempenho. Medir as características e funções esperadas e o seu funcionamento efetivo. Esta norma inclui oito critérios:

5.4.1 Exatidão: Âmbito do desempenho que cumpre os requisitos.

5.4.2 Disponibilidade: Período de tempo durante o qual os serviços estão disponíveis e podem ser utilizados.

5.4.3 Eficiência: indica a utilização efectiva e a produtividade dos serviços alugados.

5.4.4 Inovação: Capacidade de desenvolver características inovadoras sem comprometer o serviço e de se atualizar para acompanhar as novas tecnologias e os desenvolvimentos informáticos.

5.4.5 Interoperabilidade: A capacidade de um serviço interagir com outros.

5.4.6 Facilidade de manutenção: Capacidade de efetuar alterações sem afetar o funcionamento e de manter o procuto em boas condições.

5.4.7 Fiabilidade: A capacidade de um serviço funcionar sem falhas.

5.4.8 Tempo de resposta do serviço: Tempo entre o pedido de serviço e a resposta.

5.5 Facilidade de utilização: mede a facilidade de utilização do serviço. Esta norma tem dois critérios:

5.5.1 Acessibilidade: Capacidade do serviço para ser utilizado por utilizadores com diferentes tipos de deficiências e assistência na compreensão e utilização do serviço.

5.5.2 Transparência: Capacidade de determinar quando são feitas alterações a um serviço e se essas alterações têm impacto na experiência do utilizador.

5.6 Segurança. Medida da eficácia e da proteção do controlo dos serviços em termos de acesso, proteção dos dados e confidencialidade. Esta norma tem três critérios:

5.6.1 Controlo de acesso: Capacidade de garantir que apenas os utilizadores com estatuto podem aceder e alterar dados e serviços.

5.6.2 Confidencialidade: Assegurar que a informação só é transmitida a pessoas ou organizações autorizadas.

5.6.3 Proteção de dados e perda de dados: Restrição do acesso e da utilização dos dados dos clientes e deteção e comunicação imediatas de erros.

A figura (11) mostra o resumo das sete normas no ambiente de computação em nuvem:

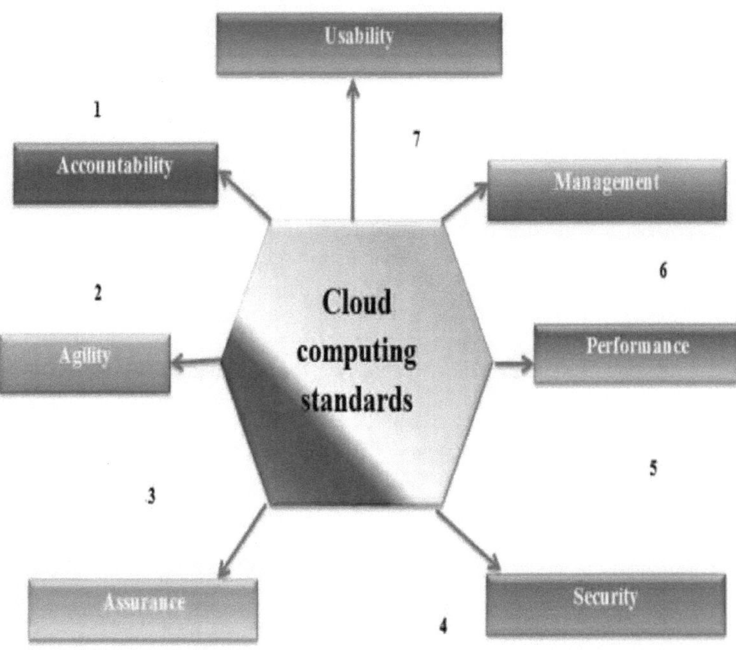

Figura (11): Normas no ambiente de computação em nuvem.

A arquitetura da prestação de conhecimentos como um serviço

Uma aplicação KaaS extrai o conhecimento do moderno sistema especializado baseado no conhecimento dentro do sistema de nuvem e disponibiliza-o diretamente ao utilizador final. Exemplo. Os utilizadores obtêm ajuda imediata na realização de tarefas e trabalhos práticos através da recolha de conhecimentos do sistema que converte a informação num formato semântico que o utilizador pode compreender. A figura (12) mostra a arquitetura do conhecimento como serviço para que o utilizador possa receber o serviço de conhecimento.

8.1 Serviços ligados: cada aplicação local oferece funções úteis por si só. Por vezes, uma aplicação pode alargá-las, acedendo a serviços específicos da aplicação fornecidos na nuvem. Uma vez que estes serviços só podem ser utilizados por essa aplicação específica, podem ser considerados ligados a ela. Os serviços alojados Exchange da Microsoft fornecem (Mathur, Bhawana., 2012, pp. 2-3).

Figura (12): A arquitetura do fornecimento de conhecimentos como um serviço

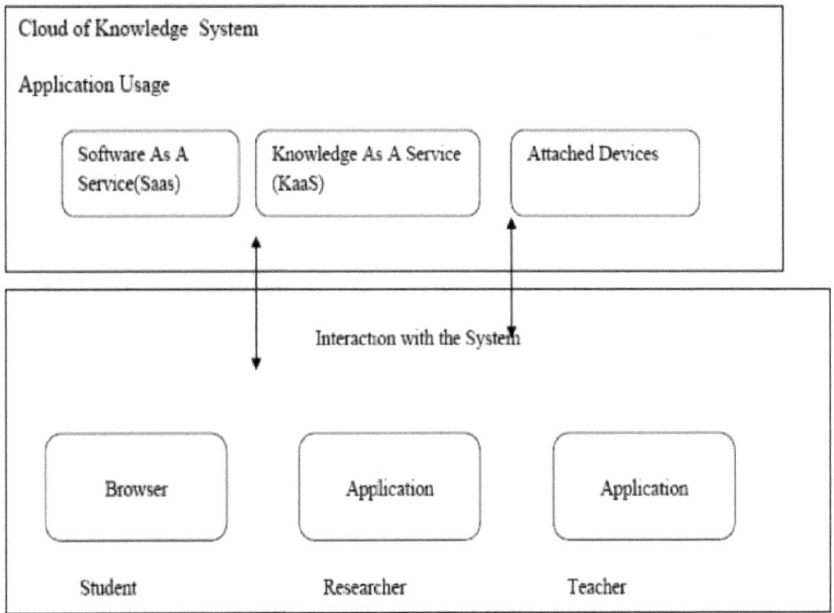

Fonte: (Mathur, Bhawana., 2012, p.3).

Os dados na nuvem referem-se à ideia de armazenamento na nuvem, em que os dados são armazenados algures na Web através de APIS abstractos, sem restrições de espaço, disponibilidade e escalabilidade. Os clientes podem confiar plenamente na nuvem de dados; o acesso não está ligado a padrões de acesso específicos que dependem da utilização de esquemas específicos. Tecnologia de serviços Web para a publicação permanente de conhecimentos e a coordenação de serviços que utilizam esses conhecimentos.

Arquitetura da nuvem KAAS

O conhecimento como serviço (KaaS) é um programa que fornece conteúdo à organização com base em dados, informações e valor acrescentado de conhecimento, que também emite alguns conselhos, respostas ou facilidades para satisfazer as necessidades dos utilizadores externos. No ambiente de computação em nuvem, o KaaS fornece o conhecimento sob a forma de autosserviço, inteligência colectiva baseada em redes sociais e serviço a pedido com três níveis de serviços de conhecimento (Yuan, Rao et al., 2012, pp. 4-7).

O primeiro nível é o dos recursos de conhecimento. Os vários recursos de conhecimento podem ser clarificados e normalizados através da especificação do conhecimento. A base de especificação dos recursos de conhecimento, que consiste numa base de índice, numa base de dados, numa base de meios de comunicação e numa nuvem de etiquetas de conhecimento, é uma base para a análise e agregação do conhecimento. Além disso, a nuvem de etiquetas de conhecimento pode resumir os diferentes conhecimentos com as mesmas etiquetas numa classificação para agregar o conhecimento.

A segunda camada é a camada do delegado de serviço, que alimenta o motor de agregação de conhecimentos com vários conhecimentos e recursos de dados. Este motor pode fazer corresponder a solução de conhecimento correcta a partir da base de especificação dos recursos de conhecimento com base no modelo de perfil do utilizador e na especificação dos requisitos de conhecimento do utilizador, que podem formar o índice do documento de requisitos e o indicador de requisitos. O método de correspondência utiliza o algoritmo TF/IDF ponderado, que pode ponderar diferentes termos de estilo para analisar a semelhança entre os diferentes requisitos e a base de conhecimentos. Além disso, o modelo do perfil do utilizador pode ser construído através de um mecanismo iterativo, que pode adicionar as novas etiquetas de dois métodos com diferentes mecanismos de ponderação, como se segue.

Em primeiro lugar, as etiquetas provêm dos documentos (incluindo: blogue, ativo, grupo, discussão, etc.) criados pelo utilizador. Em segundo lugar, as etiquetas provêm dos documentos criados por outros utilizadores em que o consumidor de conhecimentos se concentra. O motor de contexto do serviço pode utilizar o contexto e a semântica do pedido para otimizar a lista de conhecimentos de similaridade e agregar estes conhecimentos num serviço de conhecimentos completo.

O terceiro nível é o nível de fornecimento de soluções, que traz vários conhecimentos agregados para o centro de diretório de conhecimentos para formar as diferentes soluções. Todas estas soluções podem recuperar os novos conhecimentos através da nuvem KAAS, utilizando diferentes clientes de conhecimentos, como telemóveis, computadores portáteis e outros (ver Figura 13).

Os três níveis-chave para a prestação de serviços de conhecimento são a melhoria do acesso a informações não estruturadas e dispersas para utilizadores não especializados, o fornecimento de informações adequadas aos trabalhadores do conhecimento e o fornecimento de informações em situações que exigem informações altamente específicas de um domínio, relacionadas e urgentes.

Posteriormente, este documento propõe um modelo de aquisição de conhecimentos e de serviços de conhecimentos utilizando uma rede de conhecimentos como espinha dorsal. Com base na conceção específica da partilha colaborativa de conhecimentos e no modelo de perfil de conhecimentos pessoais, o sistema garante que o serviço de conhecimentos melhora o desempenho do consumo de conhecimentos da academia, como mostra a Figura (13).

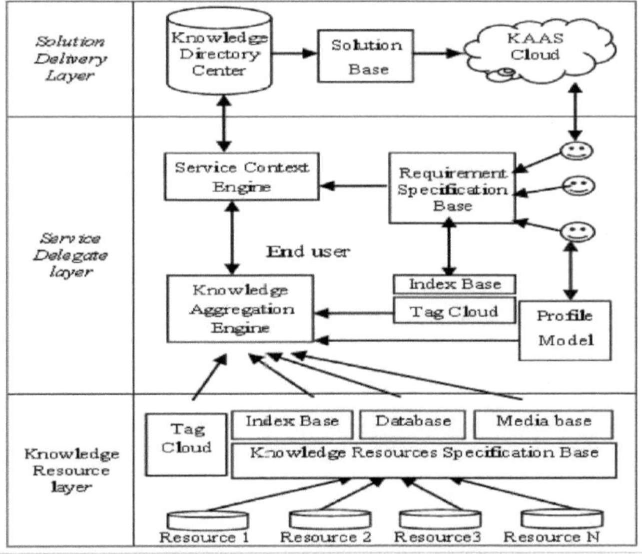

Figura (13): A arquitetura da nuvem KAAS Fonte: (Yuan, Rao. et al., 2012, p.4).

O processo de adoção do modelo de nuvem difere consoante o segmento de negócio. O padrão do modelo para a utilização da computação em nuvem na academia pode ser descrito com base no desenvolvimento e na prestação de serviços de computação em nuvem e nos recursos oferecidos à academia (Figura 14) (El Hadi, Mohamed M., 2012, pp. 22-30).

Figura (14): Modelo de nuvem para a academia
Fonte: (El Hadi, Mohamed M., 2012, pp. 22-30).

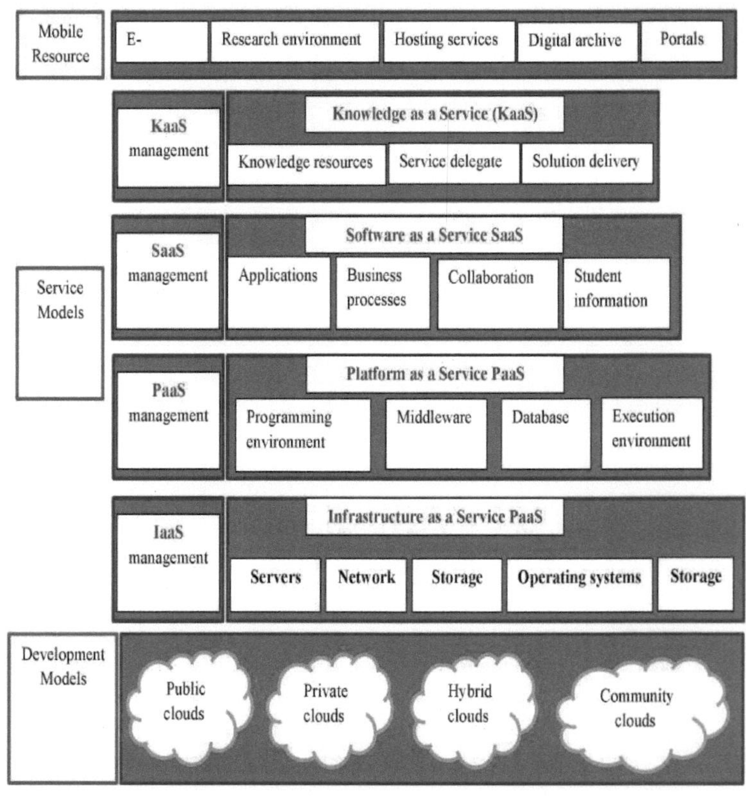

As diferenças mais importantes entre os modelos de nuvem pública e privada no sector da educação são apresentadas no Quadro 2.

Tabela (1): Diferenças entre a nuvem pública e a nuvem privada

Feature after model cloud	Public Cloud	Private Cloud
Owned and managed	Service provider	Academy
Access	By subscription	Limited to students, teacher, staff of the Academy
Customization and control	None	Yes

Os modelos de nuvem híbrida também são utilizados em instituições de ensino onde o conjunto requer as características e dimensões de cada uma das nuvens pública e privada em termos de prestação de serviços educativos (El Hadi, Mohamed M., 2012, p.22).

Os modelos comunitários surgiram devido à pressão crescente no sector da educação (necessidade de produzir relatórios, monitorizar informações educativas, demográficas e financeiras desde o momento em que os alunos se inscrevem até ao final da fase educativa) e também devido aos benefícios oferecidos pela colaboração (avaliação do sucesso no mercado de trabalho, ênfase na qualidade educativa, inovação). A informação é resumida em registos centralizados sobre as qualificações dos estudantes, as taxas de emprego em diferentes áreas de atividade e os resultados alcançados. Espera-se que a preparação de relatórios e a análise das tendências (Pardeshi, Vaishali H., 2014, pp. 6-7) conduzam a decisões informadas relativamente às disciplinas e especializações incluídas nos currículos do ensino superior, bem como à criação e/ou supressão de alguns programas de mestrado com base nas necessidades identificadas. O processo seguinte ilustra o método através do qual um utilizador do serviço (o estudante) pode aceder e modificar informações numa nuvem comunitária (Figura 15).

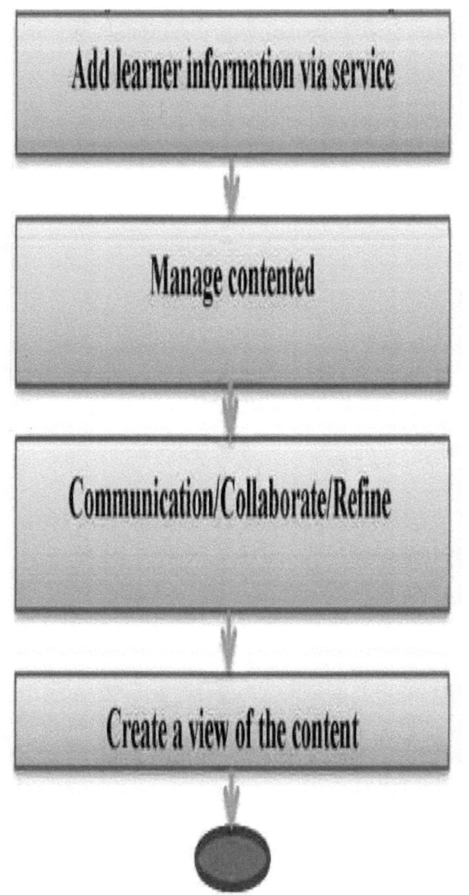

Figura (15): O aluno adiciona informações sobre a sua aprendizagem na nuvem Fonte: (El Hadi, Mohamed M., 2012, pp.22-30).

A utilização bem sucedida da computação em nuvem no ensino superior exige a presença de três elementos fundamentais, nomeadamente a virtualização, a inteligência da rede e um ecossistema sólido. Estes elementos constituem a base para a eficiência operacional, a segurança, a continuidade das actividades, a escalabilidade e a interoperabilidade e, em última análise, conduzem à inovação. Além disso, o envolvimento do governo na organização de uma nuvem centralizada a nível universitário pode estabilizar o sector académico e conduzir a resultados rápidos na investigação e na inovação (El Hadi, Mohamed M., 2012, p.23).

Colaboração de um sistema moderno baseado no conhecimento numa nuvem académica

Se um sistema baseado no conhecimento for implementado com a computação em nuvem, esse sistema baseado no conhecimento deve existir dentro da nuvem, uma vez que a nuvem académica exige a interação com a base de conhecimentos e recupera conhecimentos de um sistema especializado que funciona no fundo do ambiente da nuvem. Como mostra a figura. (16), os estudantes podem interagir com o sistema baseado no conhecimento integrado na nuvem académica.

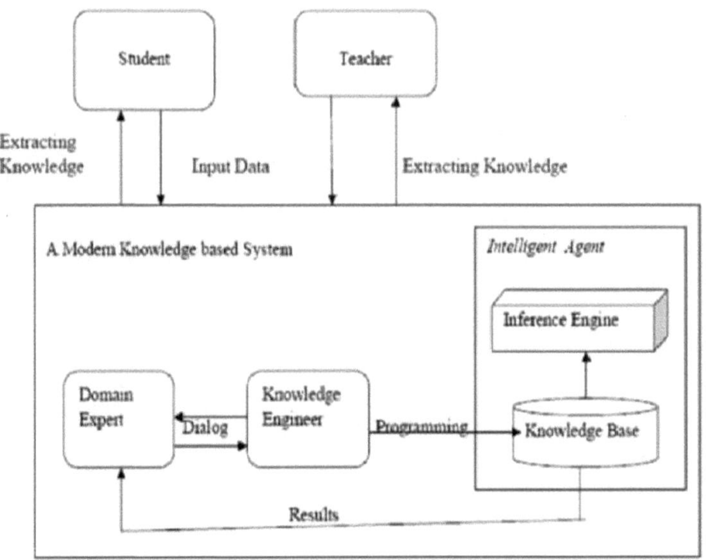

<u>**Figura (16): Um sistema moderno de nuvem académica baseado no conhecimento Fonte: (Mathur, Bhawana., 2012, p.4).**</u>

-O -SQL -Tutor é um sistema especializado baseado no conhecimento que ajuda os alunos a encontrar facilmente a solução para as instruções SQL.

Conhecimento

C O conhecimento é o recurso mais importante nas organizações e um fator de diferenciação fundamental no mundo empresarial atual. A gestão do conhecimento pode trazer a tão necessária inovação e um melhor desempenho empresarial

☐ A gestão do conhecimento também pode ser definida como "saber porquê", "saber fazer" e "saber quem", ou como um recurso económico intangível do qual derivam recursos futuros (Rennie 1999).

☐ O conhecimento surge a partir de dados que são primeiro transformados em informação (ou seja, em associações e padrões relevantes).

☐ A informação torna-se conhecimento quando flui para o sistema e quando é validada (colectiva ou individualmente) como conhecimento relevante e útil para implementação no sistema (Carrillo et al. 2000).

☐ Existem diferentes formas de classificar o conhecimento: conhecimento formal (explícito) e tácito (especializado); conhecimento de primeiro plano e conhecimento de fundo; conhecimento sobre o ambiente empresarial ou conhecimento para actividades de controlo (Carrillo et al 2000).

☐ O conhecimento é o principal recurso que deve ser gerido para que os esforços de melhoria sejam bem sucedidos e as organizações se mantenham competitivas nos mercados globais (Drucker 1993; Davenport & Prusak, 1998).

Gestão do conhecimento (KM)

☐ A gestão do conhecimento é definida como um processo humano dinâmico de justificação da crença pessoal na verdade (Nonaka & Takeuchi 1995).

☐ A gestão do conhecimento é descrita como o processo de criação, codificação e divulgação de conhecimentos para uma vasta gama de tarefas de conhecimento intensivo (Harris et al. 1998).

☐ A gestão do conhecimento significa adquirir e utilizar recursos para criar um ambiente em que os indivíduos tenham acesso à informação e em que obtenham, partilhem e utilizem essa informação para aumentar os seus conhecimentos (Brelade e Harman, 2001).

☐ Uma melhor gestão do conhecimento na organização conduzirá a mais inovação e vantagens competitivas. A sustentabilidade exige conteúdos e processos específicos para a gestão do conhecimento.

◻ O principal objetivo da gestão do conhecimento é promover a utilização (ou seja, a captura, transferência e aplicação do conhecimento existente em situações semelhantes) ou a exploração (ou seja, a criação de conhecimento) (Levinthal & March 1993).

◻ A gestão do conhecimento é a formalização e o acesso à experiência, ao conhecimento e à especialização que criam novas capacidades, permitem um melhor desempenho, promovem a inovação e aumentam o valor para o cliente (Gloet e Terziovski, 2004).

◻ A gestão do conhecimento tem a ver com a promoção da inovação, a geração de novas ideias e o aproveitamento da capacidade de reflexão da organização (Parlby & Taylor 2000). A gestão do conhecimento envolve também a recolha de conhecimentos e experiências para os tornar disponíveis e utilizáveis quando, onde e por quem forem necessários.

◻ A gestão do conhecimento é definida como uma abordagem planeada e estruturada da criação, partilha, utilização e aplicação do conhecimento como um ativo organizacional para melhorar a capacidade, a rapidez e a eficácia de uma empresa no fornecimento de produtos ou serviços em benefício dos clientes.
A gestão do conhecimento não se centra apenas na inovação, mas cria também um ambiente que favorece a inovação. Por conseguinte, a gestão do conhecimento significa que o valor é criado a partir dos activos intangíveis de uma organização e da forma como o conhecimento pode ser melhor utilizado interna e externamente (Liebowitz, 2003).

As vantagens do conhecimento e da gestão do conhecimento

◻ Pode reduzir o risco;

◻ Pode aumentar a eficácia da organização

◻ Proporciona valor acrescentado à organização

◻ Permite a tomada de melhores decisões

◻ Aprender com projectos bem sucedidos

- Promover a transferência de conhecimentos entre trabalhadores
- Reduz os processos desnecessários e simplifica os fluxos de trabalho
- Aumenta a taxa de retenção de funcionários
- Melhor produtividade 13 Inovação
- É a implementação de novas ideias num indivíduo, grupo ou organização. Por conseguinte, a inovação segue a criatividade, ou seja, o desenvolvimento de novas ideias para produtos, práticas, serviços e processos que são novos e potencialmente úteis para a organização e para a nação.
- É um processo pelo qual a nação cria novos conhecimentos e os transforma em produtos, serviços e processos úteis para os mercados nacionais e globais, resultando na criação de valor para as partes interessadas e num nível de vida mais elevado.
- A diferença entre invenção e inovação é que uma invenção é um novo produto, enquanto uma inovação é um novo valor (Szmytkowski, 2005).
- Transformar invenções em inovações exige diferentes tipos de conhecimentos, competências, capacidades e recursos.

Definições de inovação

- A inovação é definida como o processo de proporcionar capacidades novas e melhoradas ou benefícios acrescidos (Drucker, 1975).
- A inovação é o processo de introdução de novas ideias na empresa que conduzem a um aumento do desempenho.
- A inovação é o processo de comercializar ou acrescentar valor às ideias.
- A inovação também é definida como:
- A introdução de uma nova combinação de factores de produção essenciais nos sistemas de produção (Chan et al., 2004).
- Um processo de conhecimento que tem por objetivo criar novos conhecimentos orientados para o desenvolvimento de soluções comerciais e viáveis (Herkema, 2003).
- A realização de descobertas e conexões e o processo pelo qual são criados novos resultados, sejam eles produtos, sistemas ou processos (Gloet e Terziovski,

2004).

A inovação é a pedra angular de uma organização e de uma nação

☐ A inovação é essencial para que as empresas se mantenham competitivas.

☐ A inovação depende, em grande medida, da disponibilidade de conhecimentos.

☐ A gestão do conhecimento tem um impacto importante na inovação; por conseguinte, é essencial que compreendamos o papel da gestão do conhecimento na inovação.

Conhecimento e gestão do conhecimento para a inovação

Três factores principais para a aplicação do conhecimento e da gestão do conhecimento na inovação (El Hadi, Mohamed M., 2015, pp. 15-29).

1. O papel do conhecimento e da gestão do conhecimento na inovação consiste em criar, construir e manter uma vantagem competitiva através da utilização do conhecimento e de práticas de colaboração.

2. O papel do conhecimento e da gestão do conhecimento na inovação é que o conhecimento é um recurso utilizado para reduzir a complexidade do processo de inovação e que a gestão do conhecimento como recurso é fundamental para a inovação.

3. O benefício da gestão do conhecimento e da GC para o processo de inovação reside na integração do conhecimento dentro e fora da organização, tornando-o mais facilmente disponível e acessível.

4. A integração do conhecimento significa que o conhecimento pode ser trocado, partilhado, desenvolvido, aperfeiçoado e disponibilizado onde for necessário.

5. A integração do conhecimento através de plataformas, ferramentas e processos de gestão do conhecimento deve facilitar a reflexão e o diálogo, a fim de permitir a aprendizagem e a inovação a nível pessoal e organizacional.

6. Sem uma gestão eficaz da informação e do conhecimento que promova a integração do conhecimento, que por sua vez apoia a inovação, as empresas não poderão utilizar adequadamente o conhecimento como um recurso inovador.

Funções que o conhecimento e a gestão do conhecimento desempenham na inovação

1. O conhecimento e a gestão do conhecimento permitem o intercâmbio e a codificação de conhecimentos implícitos.
2. O conhecimento e a gestão do conhecimento desempenham um papel decisivo no processo de inovação através da utilização de conhecimentos explícitos.
3. O conhecimento e a gestão do conhecimento permitem a colaboração na inovação.
4. O conhecimento e a gestão do conhecimento permitem a gestão de várias actividades no ciclo de vida da gestão do conhecimento.
5. Criar uma cultura que favoreça a criação, o intercâmbio e a colaboração de conhecimentos.

A proposta de valor da gestão do conhecimento na inovação

1. A gestão do conhecimento ajuda a criar ferramentas, plataformas e processos para a criação, o intercâmbio e a utilização de conhecimentos tácitos numa organização, que desempenham um papel importante no processo de inovação.

2. A gestão do conhecimento ajuda a transformar o conhecimento tácito em conhecimento explícito

3. A gestão do conhecimento facilita a colaboração no processo de inovação.

4. A gestão do conhecimento assegura a disponibilidade e a acessibilidade dos conhecimentos tácitos e explícitos utilizados no processo de inovação, utilizando a organização do conhecimento e as capacidades de recuperação e ferramentas como as taxonomias.

5. A gestão do conhecimento assegura o fluxo de conhecimentos no processo de inovação

6. A gestão do conhecimento fornece plataformas, ferramentas e processos para assegurar a integração da base de conhecimentos de uma organização.

7. A gestão do conhecimento ajuda a identificar lacunas de conhecimento e fornece processos para colmatar essas lacunas, promovendo assim a inovação.

8. A gestão do conhecimento ajuda a desenvolver as competências necessárias para o processo de inovação.

9. A gestão do conhecimento estabelece o contexto organizacional da base de conhecimentos na organização.

10. A gestão do conhecimento apoia o crescimento contínuo da base de

conhecimentos através da recolha e registo de conhecimentos explícitos e implícitos.

11. A gestão do conhecimento assegura uma cultura baseada no conhecimento em que as inovações se podem desenvolver.

O ciclo de gestão do conhecimento

• Metaxiotis & Psarras (2006) descrevem o ciclo de gestão do conhecimento da seguinte forma.

• Este processo consiste em quatro etapas importantes, que são apresentadas na Figura 17.

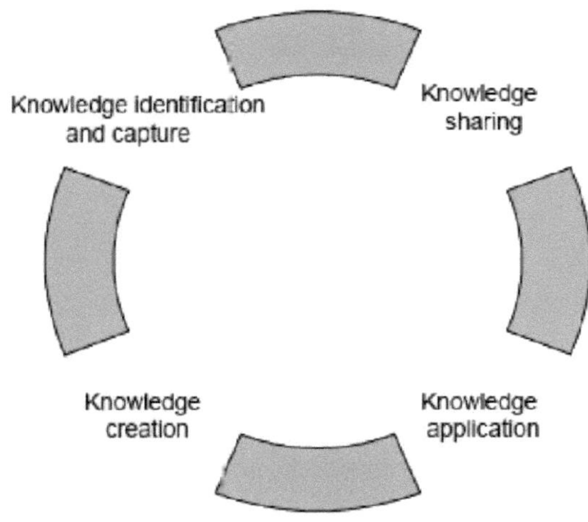

Figura (17): O ciclo de gestão do conhecimento
Fonte: (Metaxiotis & Psarras., 2006).

• **Etapa 1, identificação e recolha de conhecimentos**

Refere-se à identificação das competências críticas, dos tipos de conhecimento e das pessoas certas que possuem os conhecimentos e a experiência necessários e que devem ser registados. Uma abordagem consiste em efetuar uma auditoria aos conhecimentos ou utilizar intranets.

- **Etapa 2, criação de conhecimentos**

Esta é a etapa mais crítica do ciclo de gestão do conhecimento, uma vez que envolve a inovação. A criação de conhecimentos é um processo que inclui conhecimentos tácitos e explícitos (Popadiuk & Choo 2006). O conhecimento tácito está intimamente relacionado com a exploração do conhecimento, enquanto o conhecimento explícito está mais relacionado com a utilização do conhecimento.

- **Etapa 3, aplicar os conhecimentos**

Trata-se de interiorizar o conhecimento partilhado e de o integrar na sua própria perspetiva e visão do mundo.

- **Etapa 4, intercâmbio de conhecimentos**

É necessário criar uma cultura no seio da organização.

Ecologia do conhecimento e sistemas de inovação

☐ A ecologia do conhecimento é um conjunto de instituições, organizações e disciplinas envolvidas na produção, difusão e utilização de conhecimentos; determina as condições para a existência de conhecimentos relevantes e úteis em actividades inovadoras.

☐ Os sistemas de inovação surgem, ou não, quando os elementos da ecologia no processo de inovação das interacções entre os elementos da ecologia que se desenvolvem com o objetivo de resolver problemas específicos de inovação.

☐ Dimensões básicas da política de ecologia do conhecimento: são as seguintes:

1. [st]A dimensão 1 é o desenvolvimento e a manutenção da ecologia do conhecimento.

2. [nd]A dimensão 2 melhora as hipóteses de os sistemas de inovação se formarem a partir da ecologia do conhecimento.

Ecologia do conhecimento: Desenvolvimento e manutenção da ecologia do conhecimento, que compreende um conjunto de instituições que permitem o seguinte:

1. Produção de conhecimentos e tecnologias necessárias.

2. Acesso a novos conhecimentos essenciais para o desenvolvimento nacional.

3. A partilha e a utilização dos conhecimentos, tal como o quadro institucional criado para otimizar a produção e o acesso, são inúteis se faltarem outros recursos importantes.

4. Medição dos conhecimentos

□ **Ecologia do conhecimento:** melhorar as oportunidades dos sistemas de inovação que surgem da ecologia.

□ **Sistemas de inovação: Estes incluem:**

1. Transferência e difusão de tecnologias.

2. Instituições públicas de investigação - Sectores.

3. Comunidades horizontais de utilizadores, profissionais, etc.

Desenvolvimento orientado para a inovação:

a. Cenário mundial

□ O panorama mundial caracteriza-se por uma desigualdade crescente entre os países, ou seja, as diferenças entre as taxas de crescimento dos países estão a aumentar.

□ As diferenças cada vez maiores entre os países de baixo rendimento (PBR), os países de rendimento médio (PRM) e os países de rendimento elevado (PRDA) exigem abordagens diferentes para promover a inovação.

□ Salienta que um modelo genérico único não serve para todos e que os diferentes países enfrentam desafios diferentes em termos de políticas de promoção da inovação e do conhecimento tecnológico.

b. Heterogeneidade

□ É consensual que a diversidade entre países, regiões, sectores e empresas tem de ser abordada, reconhecida e acolhida, a fim de melhorar a forma como pensamos a inovação.

☐ A nível nacional, temos de falar de heterogeneidade, uma vez que o desenvolvimento também varia dentro das economias nacionais.

☐ A inovação não se espalhou uniformemente por todos os sectores económicos, empresas ou regiões.

☐ Por conseguinte, diferentes padrões de inovação são acompanhados de diferentes crescimentos em diferentes sectores da economia.

☐ Deve sublinhar a necessidade de evitar receitas simples que considerem os países como homogéneos.

c. Carácter transversal da inovação

☐ A inovação é vista como a capacidade de resolver problemas e ultrapassar os estrangulamentos existentes nas organizações e nas nações.

☐ As estratégias de inovação devem ser consideradas no contexto do desenvolvimento do bem-estar humano no sentido mais lato, não apenas no contexto da produção industrial, mas também nos domínios da saúde, dos transportes, etc.

☐ O papel das universidades e dos mediadores e fornecedores de conhecimentos é considerado crucial para a transferência de informação de diferentes áreas para diferentes sectores.

☐ É necessária uma diversidade de conhecimentos para abordar eficazmente a natureza transversal da inovação e para concretizar o seu potencial em diferentes dimensões.

d. Coerência política

a. Ambos os elementos (componentes e ligações) devem ser coordenados e reforçados dentro e entre os sistemas de inovação.

b. A política de inovação deve também incorporar outros domínios políticos que não estão necessariamente relacionados com a tecnologia, mas que contribuem para outras medidas de política de desenvolvimento, a fim de reduzir a pobreza e alcançar um desenvolvimento sustentável no país.

c. A coerência das políticas está ligada à capacidade dos decisores políticos de adquirirem os conhecimentos necessários para tomarem decisões positivas em matéria de inovação.

d. Os conhecimentos adequados para a elaboração de políticas coerentes podem ser obtidos através dos três principais meios seguintes:

e. Envolvendo todas as partes interessadas nas estratégias de inovação numa fase inicial da conceção de políticas locais, eficazes e coerentes.

f. Através do envolvimento de mediadores e fornecedores de conhecimentos para ajudar a colmatar o fosso entre a investigação política e os decisores políticos. Os mediadores e fornecedores de conhecimentos são organizações internacionais, investigadores, consultores, etc., que podem processar a informação recebida dos investigadores numa forma adequada para satisfazer as necessidades dos decisores políticos. O seu papel está a tornar-se cada vez mais importante.

g. Assegurando que as experiências políticas dão feedback ao sistema de inovação para permitir uma aprendizagem sistémica que conduza ao progresso.

e. Aprender com outras experiências

1. A importância de aprender com os casos bem e mal sucedidos deve ser sublinhada neste contexto:

2. Heterogeneidade: Como podem ser efectuadas medições comparáveis entre países ao longo do tempo?

3. Complexidade e natureza transversal da inovação: Como é que o vasto conhecimento necessário para gerir a complexidade da inovação pode ser agrupado de forma a ser útil para a elaboração de políticas?

Para resolver estes dois problemas, deve:

1. Mais esforços para produzir estudos de caso aprofundados que façam justiça à complexidade e ao amplo impacto das actividades de inovação.

2. Melhorar o intercâmbio de informações entre as partes interessadas, nomeadamente entre os governos locais e a comunidade internacional.

f. Geração de transferência local de conhecimentos

□ As estratégias de inovação têm de ser vistas numa perspetiva mais ampla, não só em termos de promoção de actividades de inovação, mas também em termos de criação, aprofundamento e expansão das capacidades e competências nacionais para a inovação.

□ O papel das competências e capacidades é um fator crucial, se não suficiente, uma vez que é necessário um processo de aprendizagem para transformar o conhecimento em inovação bem sucedida.

☐ Quando o processo de aprendizagem e de transformação do conhecimento tem lugar, a conversão destas competências em valor depende em grande medida da existência de mercados que funcionem corretamente.

☐ Existem semelhanças em certos aspectos da produção de conhecimentos locais, tais como

1. A inovação iniciada pelos utilizadores é considerada muito importante.

2. Possibilidades de utilização e proteção dos conhecimentos indígenas através dos direitos de propriedade intelectual (DPI).

3. A aprendizagem e o intercâmbio de informações são sublinhados como um mecanismo fundamental não só para a transferência de conhecimentos e tecnologias, mas também para a criação de novos conhecimentos.

4. O capital humano (HC) e as competências são fundamentais para resolver os problemas e eliminar os estrangulamentos nos vários sectores.

Desafios para a inovação.

Desafios à inovação

a. Para os decisores políticos

1. A política de inovação deve também ter em conta outros domínios políticos que não estão necessariamente relacionados com a tecnologia, mas com a estratégia de desenvolvimento. Este tipo de resolução de problemas exige esforços sérios e uma abordagem multidisciplinar.

2. É importante que os decisores políticos determinem a direção da inovação, a fim de terem uma visão a curto, médio e longo prazo das estratégias de inovação. Por conseguinte, as estratégias de inovação têm de ser desenvolvidas a nível local com uma visão global.

3. Promover inovações que reconheçam valores e impactos que vão para além dos meros retornos financeiros (por exemplo, valores sociais e ambientais). Para o efeito, os decisores políticos devem tomar medidas específicas para desenvolver competências de inovação.

4. Facilitar as condições em que a inovação pode ser traduzida em valor. Como as ligações entre os sistemas de conhecimento e a comunicação para o

conhecimento são muito fracas nos países em desenvolvimento, incluindo o Egipto, o governo pode ajudar a melhorar ou mesmo a criar mercados.

b. Para a comunidade de investigação

Facilitar a determinação do valor da inovação:

É importante reconhecer o papel da engenharia e das ciências sociais no desenvolvimento de soluções relacionadas com a inovação. A comunidade de investigação deve concentrar os seus esforços nos seguintes pontos:

- Prestação de aconselhamento baseado em factos sobre questões complexas relacionadas com a inovação:

É importante produzir resultados de investigação que façam justiça à complexidade, mas que, ao mesmo tempo, se enquadrem no calendário dos decisores políticos

- Concentrar-se no desenvolvimento de estudos de casos e de métricas úteis para tópicos específicos de cada país.

- É necessário envolver os utilizadores de inovações e tecnologias para que possam dar feedback e até liderar a inovação.

- Facilitar o alinhamento e a visão das estratégias de inovação através de:

- reunir informações de forma abrangente para que possam ser utilizadas na tomada de decisões políticas; neste contexto, os corretores de informação e conhecimento têm um papel importante a desempenhar.

- Adaptação da terminologia às várias dimensões do desenvolvimento; a inovação é uma questão transversal.

- Promover a transparência e envolver as partes interessadas no diálogo sobre questões políticas numa fase inicial.

Partilhar conhecimentos

□ A partilha de conhecimentos refere-se a "actividades de transferência ou divulgação de conhecimentos de uma pessoa, grupo ou organização para outra".

☐ No contexto das TI, a utilização de determinadas bases de conhecimentos ou partes de bases de conhecimentos, quer em locais diferentes daqueles em que essas bases de conhecimentos foram desenvolvidas, quer em ligação com novos programas informáticos no mesmo local, possivelmente em ambientes de software muito diferentes daqueles em que as bases de conhecimentos foram originalmente desenvolvidas.

☐ O processo de partilha de conhecimentos inclui tanto a criação como a transferência de conhecimentos através de vários artefactos, como a documentação ou a comunicação, entre diferentes entidades. As entidades podem ser indivíduos, grupos, organizações ou redes de organizações.

☐ Tradicionalmente, a troca de conhecimentos sempre teve lugar de forma informal e manifesta-se de muitas formas - quer nos apercebamos disso ou não.

☐ Acontece quando se pede a um colega no corredor a sua opinião sobre um problema, quando se recolhe o feedback dos utilizadores sobre um projeto ou tema, quando se senta à volta de uma mesa redonda com colegas ou mesmo quando se partilham as histórias de guerra da semana no bar numa sexta-feira à noite.

☐ No entanto, este tipo de intercâmbio de conhecimentos não é muito permanente. O conhecimento é transmitido de boca em boca sem ser registado de forma permanente. E quando os portadores de conhecimentos deixam uma organização, levam consigo toda a sua experiência.

☐ Resta-nos esperar que tenham transmitido conhecimentos suficientes aos restantes funcionários para que possam continuar o ciclo de informação.

☐ A tecnologia Intranet tinha como objetivo mudar esta situação - dar a esta valiosa, embora etérea, massa de conhecimento um lugar permanente dentro da organização.

☐ As intranets de partilha de conhecimentos derrubam as barreiras visuais que restringem a informação dentro dos grupos de pequenas empresas e tornam-na acessível a um público mais vasto.

☐ A ideia é boa: uma rede de conhecimentos com vários pontos de entrada para conteúdos que são mantidos numa localização central.

☐ Com base na arquitetura da intranet, a informação seria disponibilizada a todos os funcionários, sustentando o conhecimento de uma organização e conferindo-lhe um certo grau de longevidade.

A importância da partilha de conhecimentos

☐ Os produtos intangíveis - ideias, processos e informação - estão a ocupar uma parte cada vez maior do comércio global e a substituir os bens tradicionais e tangíveis da indústria transformadora.

☐ A aplicação de novas descobertas.

☐ Aumento da rotação do pessoal. Quando alguém deixa uma empresa, o seu conhecimento sai com ele.

☐ O problema numa organização é que não sabemos o que sabemos.

☐ As grandes organizações globais ou mesmo as pequenas organizações geograficamente dispersas não sabem o que sabem. Os conhecimentos especializados adquiridos e aplicados numa parte da empresa não são utilizados noutra parte da empresa.

L Mudança acelerada - tecnologia, economia e sociedade. À medida que as coisas mudam, a nossa base de conhecimentos também está a diminuir - em algumas empresas, 50% do que se sabia há 5 anos está provavelmente desatualizado hoje.

L Queremos ajudar uma organização como um todo a atingir os seus objectivos comerciais. Não o fazemos por si só.

☐ Aprender a tornar o conhecimento produtivo é tão importante, se não mais importante, do que partilhar o conhecimento.

Motivação para partilhar conhecimentos

As razões que motivam os utilizadores de conhecimentos a partilhar são as seguintes

- o O conhecimento é um bem perecível. O conhecimento é cada vez mais efémero. Se o conhecimento não for utilizado, perde rapidamente o seu valor.
- o Mesmo com a pouca partilha de conhecimentos que se verifica atualmente, se não tornar o seu conhecimento produtivo, alguém com o mesmo conhecimento o fará. Pode ter quase a certeza de que, independentemente

da ideia brilhante que tenha, alguém, algures na organização, está a pensar da mesma forma.

o   Quando transmitimos os nossos conhecimentos, ganhamos mais do que perdemos.

o   O intercâmbio de conhecimentos é um processo sinergético - obtém-se mais do que se investiu.

o   Quando partilho uma ideia ou abordagem de um produto com outra pessoa - o próprio ato de pôr a minha ideia em palavras ou por escrito ajuda-me a moldar e a melhorar essa ideia.

o   Quando entro em diálogo com a outra pessoa, beneficio dos seus conhecimentos, das suas ideias únicas e posso melhorar as minhas ideias.

o   Atualmente, a maioria das tarefas de uma empresa só pode ser realizada através da colaboração.

o   Se tentar trabalhar sozinho, provavelmente falhará - não só precisa da contribuição de outras pessoas, como também do seu apoio e aprovação. Lidar abertamente com elas, trocar ideias com elas, ajudá-lo-á a atingir os seus objectivos.

o   **Partilhar conhecimentos não é apenas dar. Mas trata-se de dar.**
   □   Obter feedback.
   □   para fazer perguntas.
   □   Diga às pessoas o que vai fazer antes de o fazer.
   □   Pedir ajuda a outras pessoas.
   □   Pedir a alguém para trabalhar consigo de alguma forma - por mais pequena que seja.
   o   Diga às pessoas o que faz e, acima de tudo, porque o faz.
   o   Pedir a opinião das pessoas; pedir-lhes conselhos.
   o   Perguntar às pessoas o que fariam de diferente.
   o   Não se trata apenas de trocar informações, mas também conhecimentos e experiência.

<u>Meios de intercâmbio de conhecimentos Comportamento</u>
Os comportamentos mais importantes na partilha de conhecimentos incluem

- Procurar formas de documentar e transmitir os seus próprios conhecimentos

- Utilizar a experiência de outros quando se inicia um novo emprego
- Reutilizar e desenvolver o trabalho anterior dentro da sua própria organização ou de outras fontes.
- **São três os factores que mais contribuem para o êxito das fusões, consolidações e outras grandes mudanças organizacionais.**
- **As organizações de sucesso têm sempre estas características, mas elas são particularmente importantes em tempos de mudança organizacional. São elas:**
- Liderança
- Comunicação constante
- Intercâmbio de conhecimentos.

Contexto do intercâmbio de conhecimentos

☐ Uma partilha de conhecimentos bem sucedida requer a utilização de três tipos interdependentes de actividades de partilha de conhecimentos, tais como

☐ Estas centraram-se na avaliação da forma e da incorporação dos conhecimentos.

☐ As que se centram na criação e gestão de uma estrutura administrativa através da qual as diferenças e os problemas entre as partes podem ser resolvidos e minimizados.

☐ Aqueles que se concentram na transmissão de conhecimentos

Conclusão

Em conclusão, o documento mostrou que o modelo KMS é uma caraterística muito importante para que a CdP obtenha conhecimentos sobre PaaS, DaaS, IaaS e SaaS, tal como indicado por KaaS num ambiente CC. Neste contexto, o modelo KMS pode ser implementado através da utilização de dois componentes que envolvem a funcionalidade KMS e a infraestrutura conexa através de capacidades de computação em rede, sob a forma de ligação direta ou remota. Os resultados também mostram que a CdP pode obter o conjunto de serviços do projeto de nuvem, denominado KaaS, que tem um efeito significativo para aqueles que adquirem, armazenam, divulgam e aplicam conhecimentos para fins futuros.

Além disso, para garantir que o KMS funcione sem problemas na nuvem, deve ser considerada a camada de gestão e de acordo e os aspectos relacionados, como o desempenho, a fiabilidade, a disponibilidade, a escalabilidade e a segurança, para que a CdP possa aceder e utilizar o conhecimento em qualquer altura e em qualquer lugar. Para trabalhos futuros, é bom considerar a forma como o KMS pode ser acedido e utilizado por todos os serviços fornecidos pela nuvem, especialmente através da computação móvel, uma vez que este projeto apenas considera o acesso ao KMS utilizado apenas por dispositivos comuns.

A arquitetura para o fornecimento do paradigma do conhecimento como serviço (KaaS) aqui especificado tratará do fornecimento do conhecimento necessário para que as organizações reduzam os custos de forma eficaz.

Atualmente, o paradigma da computação em nuvem está a tornar-se cada vez mais popular, uma vez que reduz significativamente o tempo, o custo e a mão de obra necessários para o desenvolvimento de software. Constitui também um excelente meio de recolha e partilha de conhecimentos.

- A gestão eficaz do conhecimento inclui

(a) conhecimento.

(b) Criar novos conhecimentos

(c) Desenvolver conhecimentos especializados.

(d) Gestão eficaz das inovações

• A criação de conhecimento é o primeiro passo para promover a inovação na empresa.

• Os novos conhecimentos são a fonte mais importante de inovação. O processo de criação de conhecimentos mostra que este se desenrola em cinco fases.

• Estas fases são:

1) Transmissão de conhecimentos implícitos

2) Criação de um conceito

3) Justificação do conceito

4) Construção de um protótipo e

5) nivelar os conhecimentos

45

• Uma organização criadora de conhecimento deve criar um ambiente e um espaço adequados (Nonaka & Konno 1998) para criar novos conhecimentos (Nonaka, & Takeuchi 1995).

• De acordo com von Krogh e outros (2000), a criação de conhecimentos pode ser possibilitada pelas seguintes actividades

a) Introduzir uma visão do conhecimento

b) Gerir chamadas

c) Mobilização dos activistas do conhecimento

d) Criar o contexto correto.

e) Globalização do conhecimento local.

• Uma melhor gestão do conhecimento na empresa conduzirá a uma maior inovação e a vantagens competitivas.

• É importante analisar a forma como a inovação desejada pode ser criada e quais os requisitos específicos e factores críticos que podem apoiar a inovação.

• Uma gestão eficaz do conhecimento pode conduzir as empresas a uma inovação bem sucedida.

Referências

1. Abdullah, Rusli, Eri, Darleena, Zeti. e Talib, Mohamed, Amir. (Nov 2011). *A Model of Knowledge Management System for Facilitating Knowledge as a Service (KaaS) in Cloud Computing Environment*, pp.1-4, [http://ieeexplore.ieee.org/xpl/login.jsp?tp=&amumber=6125691&url=http%3A%2F%2Fie eexplo re.ieee.org%2Fxpls%2Fabs all.jsp%3Farnumber%3D6125691] (visualizado em 4/3/2015).

2. Aksoy, Sabih, Mehmet. E Algawiaz, Danah. (2014). Gestão do conhecimento na nuvem: benefícios e riscos. *Jornal Internacional de Tecnologia e Pesquisa de Aplicações Informáticas.* Vol. 3, No. 11, p.2, [http://www.ijcat.com/archives/volume3/issue11/ijcatr03111013.PDF] (acedido em 24/3/2014) .

3. Al-Roomi, May. et al. (2013). *Cloud Computing Pricing Models: A Survey*, pp.3-7, [http://www.sersc.org/joumals/IJGDC/vol6 no5/9.pdf] (consultado em 10/3/2015).

4. Armbrust, Michael. et al. (2009). *Above the Clouds: A Berkeley View of Cloud Computing*, p.418, [http://www.eecs.berkeley.edu/Pubs/TechRpts/2009/EECS-2009-28.pdf] (acedido em 10 de março de 2015).

5. Alhamad, Mohammed, Dillon, Tharam, e Chang, Elizabeth. (2010). *Conceptual SLA Framework for Cloud Computing*, pp.2-5, [http://espace.library.curtin.edu.au/R?func=dbin- jump-full&object id=152161] (Recuperado em 16 de março de 2015).

6. Buyya, Rajkumar, Yeo, Shin, Chee. e Venugopal, Srikumar. (2008). *Market-Oriented Cloud Computing: Vision, Hype, and Reality for Delivering IT Service s as Computing Utilities*, p.12, [http://www.buyya.com/papers/hpcc2008 keynote cloudcomputing.pdf] (visualizado em 2/3/2015).

7. Costa, Pedro, Santos, Paulo, João, e Da Silva, Mira, Miguel. (2013). *Critérios de Avaliação de Serviços em Nuvem*, pp.5-8, [https://www.researchgate.net/.../Miguel Mira da Silva/...Eval.pdf] (consultado em 16/3/2015).

8. Conway, Gerard, e Curry, Edward. (2012). *Managing Cloud Computing: A Life Cycle Approach*, pp.4-9, [https://deri.ie/sites/default/files/publications/conway cloudlifecycle 2012.pdf] (consultado em 2/3/2015).

9. El Hadi, Mohamed M. (maio de 2012). *Towards Design of a Preliminary Model for the Application of Cloud Computing in Educational Institutions [Para a conceção de um modelo preliminar para a aplicação da computação em nuvem em instituições de ensino].* [th]Proceedings of the 19 Scientific Conference for Information Systems and Computer Technology (pp.22-30), Cairo: Sadat Academy-Faculty of Management Sciences (Higher Studies), (acedido em 17 de janeiro de 2015).

10. El Hadi, Mohamed M. (maio de 2015). *Partilha, transferência e gestão de conhecimentos*

para promover a inovação e o desenvolvimento nacionais. [nd]Actas da 22.ª Conferência Científica sobre Sistemas de Informação e Tecnologias Informáticas (pp.15-29), Cairo: Academia Sadat-Faculdade de Ciências de Gestão (Estudos Superiores), (acedido em 17 de dezembro de 2015).

11. Garg, Kumar, Saurabh, Versteeg, Steve. e Buyya, Rajkumar. (2011). *SMICloud: A Framework for Comparing and Ranking Cloud Services*, pp.2-3, [http://www.buyya.com/papers/SMICloud2011.pdf] (consultado em 2/3/2015).

12. Khanna, Prashant. e Babu, Varahala. Budida. (2012). *Cloud Computing Brokering Service: A Trust Framework*, pp.3-5, [file:///C:/Users/MG.%20High%20Tech/Downloads/cloud computing 2012 9 30 20175.pdf (visualizado em 16/3/2015).

13. Khoshnevis, Sedigheh. E Rabeifar, Fatemeh. (Jul 2012). Toward Knowledge Management as a Service in Cloud-based Environments (Gestão do Conhecimento como um Serviço em Ambientes Baseados na Nuvem). *Jornal Internacional de Mecatrónica, Tecnologia Eléctrica e Informática.* Vol. 2, No. 4, pp.2-8, [http://www.academia.edu/2026325/Toward Knowledge Management as a Service in CloudBased Environments] (acedido em 23/3/2014).

14. Low, Chinyao, e Chen, Ya Hsueh. (2012). *Criteria for the Evaluation of a Cloud-Based Hospital Information System Outsourcing Provider*, p.7, [http://www.seu.ac.lk/fmc/freedownload/out 2.pdf] (visualizado em 2/3/2015).

15. Mathur, Bhawana. (junho de 2012). Uma revisão da arquitetura para o fornecimento de conhecimento como serviço (KaaS), um novo paradigma na nuvem académica. Índia: *Jornal Oriental de Ciência e Tecnologia da Computação.* Vol. 5, No. 1, pp.2-3, [file:///D:/laptop 25 1 2015/Drive E/22nd%20Conference%20of%20Information%20Systems% 20and%20Computer%20Technology/ABSTRACT 22nd%20Conference%20of%20ISC%20T/OJ CSV05I01P63-67%20(1).pdf] (Visualizado em 22/3/2014).

16. Mell, Peter, e Grance, Tim, (2009). *The NIST Definition of Cloud Computing* , pp.1-2, [http://www.nist.gov/itl/cloud/upload/cloud-def-v15.pdf] (consultado em 20/12/2013).

17. Mell, Peter. e Grance, Timothy. (2011). *The NIST Definition of Cloud Computing* , pp.6-7, [http://csrc.nist.gov/publications/nistpubs/800-145/SP800-145.pd] (consultado em 20/1/2015).

18. Nor, Haizan, Nor, Rozi, Alias, Alinda, Rose e Rahman, Abdul, Azizah. (2008). *The ICTSQ-PM model in the context of MUs: Consideration of KPI and CFS*, pp.2-4, [http://comp.utm.my/pars/files/2013/04/The-ICTSQ-PM-Model-in-the-context-of-MUs-consideration-of-KPI-and-CFS.pdf] (consultado em 2/3/2015).

19. **Pardeshi, Vaishali H. (2014).** *Computação em nuvem para institutos de ensino superior: arquitetura, estratégia e recomendações para uma adaptação eficaz* , pp.6-7, [http://www.sciencedirect.com/science/article/pii/S221256711400224X] (consultado em 2/4/2015).

20. Sadeghzadeh, Abouzar. et al. (maio de 2014). Adoção de conhecimentos baseados na nuvem

21. Administração. *Revista Internacional de Engenharia e Tecnologia Inovadora.* Vol. 3,

Índice

Buy your books fast and straightforward online - at one of world's fastest growing online book stores! Environmentally sound due to Print-on-Demand technologies.

Buy your books online at
www.morebooks.shop

Compre os seus livros mais rápido e diretamente na internet, em uma das livrarias on-line com o maior crescimento no mundo! Produção que protege o meio ambiente através das tecnologias de impressão sob demanda.

Compre os seus livros on-line em
www.morebooks.shop

Printed by Books on Demand GmbH, Norderstedt / Germany